JN337067

漁業国 日本を知ろう
九州・沖縄の漁業

監修／坂本一男（おさかな普及センター資料館 館長）　文・写真／吉田忠正

はじめに

　漁業とは何でしょう。船で海へ出て、大きな網でたくさんの魚をとる漁はもちろん、ホタテガイやマダイなどを育てる養殖も、コンブやワカメなどの海そうをとることも、みんな漁業です。
　このシリーズは、北海道から沖縄まで、地域ごとに漁業の現場を直接取材して、さまざまな漁のしかたや養殖の方法、魚が食卓に届くまでを紹介しています。そして、漁や養殖の現場ではたらいている漁師さんのたくさんの声をのせています。漁業という仕事の喜びややりがい、漁業にかける思い、そして自然を相手にするその苦労などをとおして、漁業の魅力を伝えます。
　巻末には、それぞれの地域でとれる魚についての解説や、地域ごとの漁業のとくちょうがわかるデータものっています。
　この巻では、大きな網で群れをかこいこむアジのまき網漁や、1年をとおして出荷できるブリの養殖、種のもとから培養して育てるノリの養殖、近年需要が高まっているモズクの養殖の現場など、九州、沖縄地方でおこなわれている漁業を中心に紹介します。

有明海（佐賀県）(P22)
野母崎（長崎県）(P4)
長島町（鹿児島県）(P28)
うるま市（沖縄県）(P34)
泊魚市場（沖縄県）(P40)

漁業国・日本を知ろう
九州・沖縄の漁業

目次

第1章 野母崎のアジ漁
- アジのまき網漁がはじまる ... 4
- 長崎漁港ってどんな港？ ... 6
- インタビュー 長崎のアジは鮮度も高く、味もいいです ... 7
- アジはどのようにしてとる？ ... 8
- いよいよアジ漁に出発 ... 10
- インタビュー よい漁ができれば、暑さも寒さもどうってことないです ... 11
- 網入れと網の引きあげ ... 12
- 2つのアジ漁 ... 14
- 長崎漁港でアジの水揚げ ... 16
- 仲買人の店から小売店へ ... 18
- インタビュー お客さんに喜んでいただけるのが何よりうれしい ... 19
- アジが食卓にとどくまで ... 20

第2章 九州・沖縄のいろいろな漁業
- 有明海のノリの養殖 ... 22
- インタビュー こまめに手入れをすれば、よいノリがとれます ... 25
- インタビュー 収穫は満潮時の前後3時間に ... 27
- 長島町のブリの養殖 ... 28
- インタビュー 私が育てたブリを世界中の人に食べてもらいたい ... 33
- うるま市のモズクの養殖 ... 34
- インタビュー 自然のなかで育ったモズクはおいしいです ... 39
- 那覇市の泊魚市場 ... 40

- 九州・沖縄の漁業地図 ... 44
- 解説 九州・沖縄の魚を知ろう ... 46

第1章 野母崎のアジ漁
アジのまき網漁がはじ

　ここは、長崎半島の先端にある野母崎から東へ約20km行った橘湾です。午前1時30分、いままさにタモ網とよばれる大きい網でアジをすくいあげているところです。
　これはまき網漁という漁法で、大きな網でアジの群れをかこいこんでとる漁法です。網の幅をせばめていって、1か所にアジをおいこんでいき、そこにタモ網を入れて、魚を引きあげているのです。
　今日は5月19日、これからアジの脂がのり、旬をむかえる時季です。おいしい長崎のアジが全国にでまわりはじめるときなので、漁師たちも気合が入っています。
　ここでとれたアジは、運搬船で長崎漁港の市場にはこばれ、水揚げされます。

写真：まき網漁によるアジ漁。アジが入ったタモ網を引きあげている。

まる

長崎漁港ってどんな港？

東岸壁 / 卸売場（東棟）/ 仲卸売場（仲買人の店）/ 卸売場（西棟）/ 西岸壁

△長崎漁港。夕方ごろから、次の日の水揚げにそなえ漁船が着岸する。

●長崎漁港と野母崎周辺図

長崎漁港 / 橘湾 / 野母崎

長崎県は島や半島が多く、長くて複雑な海岸線をもっています。その全長は4199kmもあり、北海道についで2番目の長さです。長崎の沖合や沿岸には北上する対馬暖流が、さらに西側から黄海の冷水が流れてきて、さまざまな種類の魚があつまってくるよい漁場となっています。長崎県の漁獲量は、北海道についで全国2位です。

長崎県には大小あわせて280あまりの漁港があり、そのなかでも長崎漁港は水揚げ量が多い漁港として知られています。長崎市の北西約13kmにある長崎漁港には、年間をとおしていろいろな魚が水揚げされます。春はタイ、イカ、アマダイ、夏はアジ、イサキ、アワビ、秋はサバ、アゴ、ヒラメ、冬はブリ、イワシ、フグなどがあげられます。なかでもアジやサバが多く、取扱量はサバが34％、アジが23％。金額ではアジが22％、サバが13％をしめています。

長崎漁港は長さ600mの岸壁が東と西にあり、それぞれ市場の卸売場（セリ場）が隣接しています。東には近海でとれたたくさんの種類の魚がならびます。西にはアジやサバなどが水揚げされます。

この敷地内には、魚市場の建物があり、その1階には仲買人の店が入っていて、セリで買いつけたばかりの新鮮な魚を売っています。そのほかに、資材を置く倉庫、冷蔵庫や冷凍庫、トラックのターミナル、港に必要な関連商品をあつかう店や食堂などがあります。

◯西岸壁に隣接した卸売場で、アジのセリをおこなっている。セリは午前5時からはじまる。

◯西岸壁でアジの水揚げ。

◯東岸壁の卸売場には、ヒラメやアマダイなど、近海でとれた魚を水揚げし、ならべている。

INTERVIEW

長崎のアジは鮮度も高く、味もいいです

長崎魚市　片山　耕さん

　長崎漁港は、宝の海とよばれるほど豊かな漁場にめぐまれています。さまざまな漁法があり、いろいろな魚がとれるところです。

　市場の水揚げは、早いときは午前0時からはじまります。5時からセリがはじまり、6時ごろには仲買人の店に買いにくる人たちもくわわり、にぎわいます。

　市場の仕事には、水揚げされた魚を選別・箱づめするなどセリの準備、魚の値段を決めるセリ、セリで決まった値段を生産者に知らせ伝票をつくること、翌日の入荷予定を仲買人につたえることなどがあります。だいたい昼の12時ごろには仕事が終わります。

　関東地方には静岡県沼津産のアジの開きが出まわっていますが、ほとんどがここから送られたアジを加工したものです。最近、アジは中国への輸出も多くなり、刺身用として一年中欠かせなくなっています。長崎のアジは鮮度が高く、味がよいので、高級魚として人気が高まっています。

　自分があつかった新鮮な魚が、店にならんでいるのを見るとうれしいですね。みなさんの食卓に届くのだという実感が、仕事のはりあいになっています。

アジはどのようにしてとる？

　アジはまき網漁という漁法でとります。アジの群れを大きな網でかこんで、網の底をしぼりこみ、網の幅をせばめていき、アジがあつまったところに、タモ網を入れて、すくいとります。まき網船は、網を積んだ本船、明かりをつけてアジをあつめる火船、とったアジを船倉に入れて港にはこぶ運搬船、それにアジの群れをさがす探索船などが船団をつくってでかけます。

　これらの船では、漁撈長が漁場を決め、網をおろす合図をするなど、すべてをとりしきっています。そのほかに、エンジンや電気系統などを担当する機関長、網のおろしあげなど直接漁にかかわる仕事をする甲板長と甲板員、食事をつくるコック長などが乗りこみます。

　まき網船には、農林水産大臣が許可した大中型船（主力は135トン）と、長崎県知事が許可した中小型船（主力は19トン）があり、大きさによって、船団のくみかたや乗組員の数、網の長さがちがいます。

　取材で乗せてもらった「音丸」は、19トン。本船には幅100m、長さ900mの長い網を、きれいにたたんで積んでいます。船の頭脳にあたるのが操舵室というところで、船の運転をする舵のほか、レーダーやソナー、魚群探知機、潮流計などがそなえられています。

　音丸の船団は、本船の乗組員12人。そのほかに運搬船が2隻（各3人）、火船が2隻（各2人）、運搬船と火船を兼用した船が1隻（1人）、探索船1隻（1人）がつき、計7隻（24人）からなります。

▲本船は甲板に網を積みこんでいる。

第1章 野母崎のアジ漁

ものしりノート

《マアジ》

日本近海でみられるアジは、ほとんどがマアジです。

マアジのおもな産卵場所は東シナ海から九州で、冬から初夏にかけて産卵します。春から夏にアジはエサをもとめて、太平洋側からは黒潮に、日本海側からは対馬暖流にのって、大きな群れをつくって回遊します。そして秋から冬には越冬と産卵のため、南へ移動します。

マアジのエサはおもに動物プランクトンで、カタクチイワシなどの稚魚やオキアミなどを食べます。1年で体長16cm、2年で22cm、3年で26cmくらいになります。

マアジの旬は夏で、刺身やたたき、塩焼き、からあげなどにして食べます。干物も広く出まわっています。「アジは味」ともいわれ、淡白な味が好まれています。

🔺 運搬船。とったアジを船倉に積んで漁港へはこぶ。

🔺 探索船。魚群をさがす船。

🔻 本船（右）と運搬船（左）。

9

いよいよアジ漁に出発

　ここは長崎半島の南西にとびだしている野母崎の脇岬漁港です。午後4時ごろになると、音丸の乗組員があつまってきて、機械類の点検、網の修理など、めいめい出発の準備にとりかかり、出港前に食事をとります。コック長が甲板に、魚のスープや煮つけを入れた大きななべをはこんできます。自前の魚料理が中心で、とれたての新鮮な魚をつかっているので、おいしいです。その間に燃料を補給します。

　午後6時に出港。天気は晴れ、波は静かです。港を出るころはまだ明るいですが、すぐに暗くなってきます。船はレーダーをたよりに、時速15kmで漁場へむかってすすんでいきます。1時間半で、予定していた漁場の近くに着きました。ソナーをたよりに、魚の群れをさがします。先にきていた探索船や火船からも無線で情報が入ってきます。

　火船がアジの群れを見つけ、明かりをともして、群れをあつめています。

　漁撈長は、火船に本船を近づけ、速度をゆるめていきます。そして、潮の流れがおさまるのをまっています。

　操舵室にはモニターがいくつもならんでいます。漁撈長は魚群探知機でアジの群れの位置をとらえ、網を入れるタイミングをうかがっています。

❶ 出発前の脇岬漁港。手前は探索船。

❷ 網の修理。

❸ 燃料を補給する。

❹ 夕食。今日のメニューは皿うどんと魚のスープにごはん。

❺漁撈長が操舵室に入ってエンジンをかける。いよいよ出発。

❼ソナーや魚群探知機で、アジの群れの位置をとらえる。

❻船のいかりをあげる。

❽火船が明かりをともしてアジの群れをあつめる。

INTERVIEW よい漁ができれば、暑さも寒さもどうってことないです

音丸の漁撈長　岡部　直さん

　わが家は代々まき網漁をやってきたので、自分も親のあとをつぐのが当たり前だと思っていました。小学校にあがる前から、祖父や父のあとを追いかけて船に乗っていました。

　中学を卒業してすぐにまき網船にのって、それ以来ずっとまき網船で漁をしています。おもにマイワシやカタクチイワシ、アジなどをとっています。アジが1年中とれれば、アジをとりますが、時季によってとれる魚がちがいます。今年の冬はカタクチイワシがとれましたね。最近、マイワシがとれなくなっているのが気になっています。

　満月の前後は何日か漁を休みますが、天気予報で波の高さなどをチェックし、時化でないかぎり漁に出ます。2月ごろ、「西落とし」という西からの強風が急にふくことがあります。そんなときは、事故につながることもあるので、無理をしないようにしています。

　気をつけているのは、事故やけがですね。船の事故や作業中のけがなど、できるだけ起こさないよう、日頃からみんなによびかけています。

　よい漁さえできれば、夏の暑さも冬の寒さもどうってことないです。これからもずっと、漁がつづけられることを願っています。魚がたくさんとれれば、乗組員にもたくさん給料をはらえるし、自分もうれしいです。

網入れと網の引きあげ

　漁撈長がサイレンをならして、網入れ開始の合図をおくります。待機していた甲板員は、それぞれ持ち場について、すみやかに行動にうつります。近よってきた運搬船に、船尾から網の端をわたすと、本船は猛スピードで円をえがくように走りだします。それにしたがい網が海のなかへ落ちていきます。片方には黄色いブイが、もう一方には重りがついていて、海のなかに入ると、網は下へたれさがっていきます。
　5分ほどで本船が一周して、甲板の網はすべて海のなかに入ります。本船では運搬船から網の端を受けとり、網の引きあげがはじまります。前方で甲板員が網の下のロープをひっぱって、底をしぼりあげて、魚がにげないようにし

❶まき網の端を運搬船にあずけ、本船は猛スピードで走る。

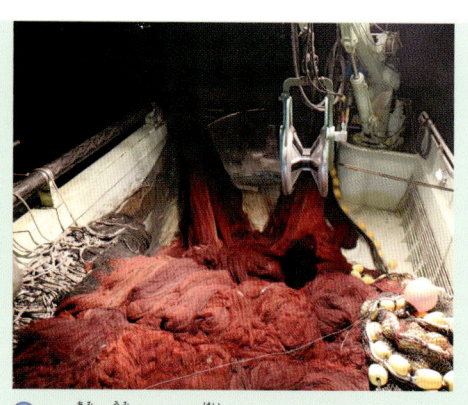

❷まき網が海のなかに入っていく。

❸まき網の底のロープを引っぱってしぼる。

❹本船の後方では、甲板員が8人くらいで網を甲板に引きあげる。

第1章　野母崎のアジ漁

ます。そして後方では、甲板員が端から順に網を甲板に引きあげていきます。網がせばまるにつれ、水面には魚の群れが見えてきます。運搬船が本船に近づいてくると、本船のほうでは横から網を引きあげていきます。

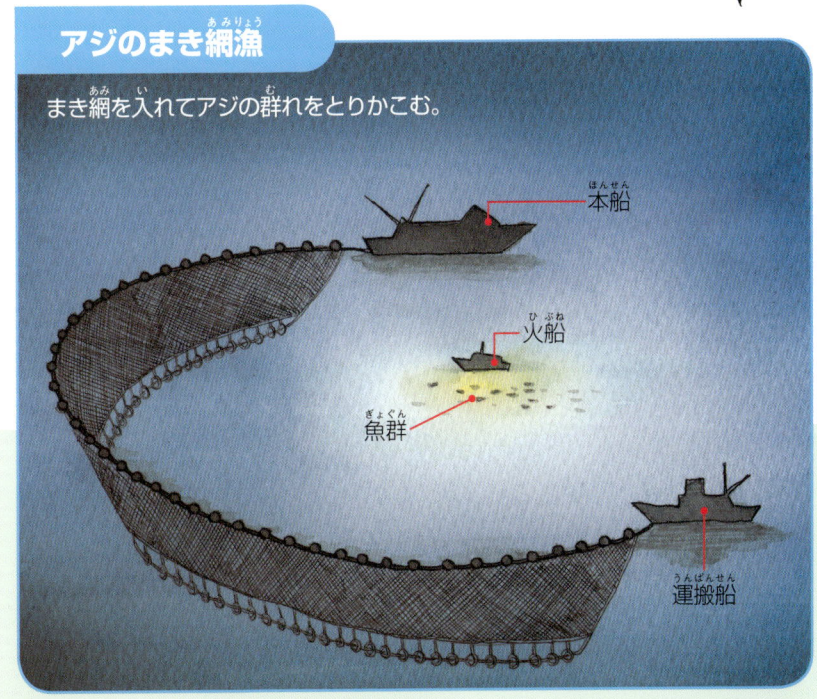

アジのまき網漁

まき網を入れてアジの群れをとりかこむ。

本船
火船
魚群
運搬船

❺ 本船の横から網をたぐりよせる。

13

2つのアジ漁

🔴 タモ網ですくいあげる

本船から甲板員が3〜4人、運搬船のほうに移っていきます。とったアジを運搬船に積みこむ作業をするためです。

運搬船では、大きなタモ網をクレーンで下げてまき網のなかに入れ、魚をすくいあげる作業を開始します。海水といっしょにすくいあげられたアジは、氷水が入った船倉に、バシャバシャと音をたてて移されます。こうした作業を何回かくりかえし、まき網のなかがからになったら、甲板員は本船に移ります。これで今日の1回目のアジ漁は終了です。

まき網をすべて甲板の上に引きあげて、次の漁にむかいます。いっぽう船倉に魚を積んだ運搬船は、水揚げ先の長崎漁港へむかって行きます。

❶ 甲板員が本船から移ってくる。

❸ 船倉に魚を移す。

❷ タモ網を入れてすくいあげる。左が本船、右が運搬船。

第1章 野母崎のアジ漁

●生きたままとらえて運搬

次の漁場では、魚群のまわりをまき網でかこんで、網を引きあげるところまでは同じですが、今度は魚を生きたまま、運搬船に誘導します。この船全体が大きなプールのようになっていて、船体の横にある扉をあけ、そのプールのなかに明かりをつけると、魚は群れをなして、運搬船のプールのなかに入っていきます。

こうして魚を残らずプールのなかにおいこんだら、運搬船は野母崎の脇岬漁港にむかって帰ります。エンジンはついていないので、別の船が引っぱっていきます。港にはイケスがあり、ここに魚を生かしたまま移します。時化などで漁がないとき、ここで生かしておいたアジを市場に出荷します。味がよく、その上新鮮だと、評判です。

❶ 活魚運搬船の扉をあける。プールのなかを明るくしておくと、アジはいっせいになかに入っていく。

❷ 活魚運搬船から港のイケスにアジを移す。

❸ 需要におうじて、イケスからアジをすくいあげて、出荷する。

長崎漁港でアジの水揚げ

　朝6時、長崎漁港の西岸壁に、音丸の運搬船が入港しました。ここには朝2時ごろから船が着岸しはじめ、そのセリが5時からはじまります。
　岸壁には、船から水揚げした魚を受けいれる容器が用意してあります。運搬船の船倉に入れてきた魚を、クレーンで引きあげて、その容器に移します。魚はアジがほとんどですが、イワシやカマス、タイ、フグなどもまじっています。
　次に魚をベルトコンベアにのせて、流します。まず小さい魚がすき間から落ちて分けられます。さらに人の手でアジ以外の魚をとりのぞき、アジはさらに大きさ別に7種類に分けて箱

❶長崎漁港でアジの水揚げをする。

❷ベルトコンベアにのせて選別機へ。

❸アジの選別。他の種類の魚と分け、アジは大きさ別に7種類に分ける。

づめします。

　アジの箱が積みあげられているコーナーに、セリ人と、仲買人や加工業者など魚を買い受ける人たちがやってきて、いよいよセリの開始です。セリ人は「音丸、50本（50尾入った箱）、10箱、さあいくら？」といった内容で、声をかけます。買い受ける人たちは口々に、買いたい値段と個数を言います。セリ人は、そのなかからより多くの数と、より高い値段をいった人の声を聞きわけて、「○○さん、10個、○円」と、買いつけた人の名前と個数、値段を言って、買い受ける人が決まります。

❹ 箱づめして、重さをはかる。

❺ 見本のアジを開いてみせる。仲買人や加工業者はこれを見て、脂ののり具合などを調べる。

❻ アジのセリ。ここではセリ人は白い帽子に白いシャツを着ている。

第1章　野母崎のアジ漁

仲買人の店から小売店へ

▲セリが終わったものから、次つぎとはこび出される。

●市場のなかに店をもつ仲買人

仲買人はセリで落とした（買い受けた）アジの箱に、自分の店の名前が書かれた札を入れていきます。セリで決まったものから、フォークリフトや軽トラックに乗せて、次つぎと市場内にある仲買人の店にはこんでいきます。ここには、約40軒の店が入っていて、県内のスーパーマーケットや、魚屋、小売店、料理店の人が買いにきます。

店員は買ってきた品物を箱から出してならべるとともに、送り先が決まっているところへの発送、お客さんからの問いあわせの電話、買いにきたお客さんへの対応など、いそがしく立ちまわっています。

●県外へまとめて送る仲買人

仲買人のなかには、セリで落とした魚を、県外へまとめて配送する会社があります。注文のあった箱をまとめて、東京方面や大阪方面などと送り先別に積みあげ、トラックではこびだします。

長崎漁港には、冷凍施設もあります。この施設は市場や仲買人、専門の冷凍業者がもっていて、アジなどを冷凍・保存しておきます。アジが大量にとれたときに保存しておき、とれないときに出荷できるようにしているのです。

第1章　野母崎のアジ漁

▲市場内にある仲買人の店。

▲市場でセリ落としてきた魚をならべる。

▲市場から直接出荷する仲買人。

▲箱づめして、県外へ送る。

▲一年中、出荷できるように、冷凍庫で保存する。

INTERVIEW
お客さんに喜んでもらえるのが何よりうれしい

丸菱商店常務取締役（仲買人）　山内保晴さん

　漁師がとってきた魚を、市場でセリ落として、小売店やスーパーマーケット、料理店などに売りわたす仕事をしています。お客さんは県内の小売店やスーパーマーケットなど、100軒くらい。お客さんから注文をうけて出荷する場合と、お客さんが店にきて実物を見てから買う場合とがあります。来店して買う人の割合は6割くらいです。

　毎日、昼過ぎに市場から、明日水揚げされる船と魚の種類の予定が出されます。それを見ながらお客さんと連絡をとり、何をどのくらい買ったらよいかを予想します。そして翌朝3時に起きて、冷凍物などの品ぞろえをして、その日の注文を確認し、市場に行って魚を見ます。5時からセリがはじまります。

　魚は50〜100種類あつかっています。アジ、シマアジ、ブリ、タイ、ヒラメ、マゴチ、イトヨリ、アマダイ、イカ、サザエなどです。自分はアジなどを担当しています。近海の魚は4人で手分けして、7時ごろにお客さんが店にくるまでにそろえておきます。一番気にしているのは鮮度です。

　朝が早いし冬は寒いし、大変なことが多いですが、やりがいはあります。「お客さんが喜んでくれたよ」「品物がよかったよ」などといわれるのが何よりうれしいです。

19

アジが食卓にとどくまで

　長崎漁港に水揚げされるアジは、近くは対馬近海や天草灘など、遠くは韓国の済州島の南や、さらに南の東シナ海でとれたものです。長崎漁港には深夜から、アジを積んだ運搬船が着岸しています。ここで水揚げされたアジは、大きさ別にわけられ、箱につめて、セリにかけられます。

　セリによって、一番高い値段をつけた仲買人が買い受けます。アジを買った仲買人は、自分の店にはこんで、買いにきたお客さんに売ります。こうしたいろいろな人びとの手をとおして、新鮮なアジがわたしたちのもとにとどけられるのです。

△アジのまき網漁。

アジ漁にむかう ⇒ アジの漁 ⇒ 漁港で水揚げ ⇒

△アジ漁にむかうまき網船。

▷長崎漁港でアジの水揚げ。

第1章 野母崎のアジ漁

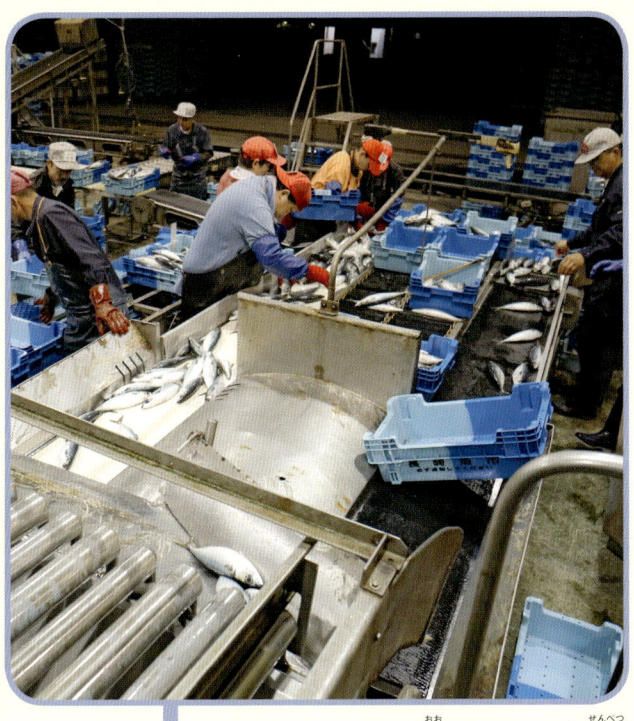

△大きさごとにアジの選別。

△仲買人の店。

選別・箱づめ → 市場でセリ → 仲買人の店から出荷 → 市場・魚屋・料理店へ

△アジのセリ。中央の白い帽子をかぶっている人がセリ人。

△店頭にならぶアジ。

21

第2章 九州・沖縄のいろ
有明海のノリの養殖

高さ11mほどのポールをたて、その間に網をはってノリを育てている。1枚の網は幅1.5m、長さ18m。ノリが15cmくらいになったら、角船に乗ってつみとる。

● ノリの生育に適した有明海

　佐賀県の有明海沿岸にある干潟は、ノリの養殖がさかんなところです。遠浅の海岸が広がり、潮の干満の差が大きく、その差は6mにもおよびます。北には背振山などの山々があり、筑後川や嘉瀬川、六角川などの川が流れこみ、ゆたかな栄養分をはこんできます。また、川の水と海水がまじりあう水域（汽水域）にあり、ノリの養殖に適した塩分濃度をつくっています。
　ここでは、約1000世帯がノリの養殖にたずさわっています。佐賀県は全国のノリの生産量第1位で、熊本県と福岡県を入れると、有明海産のノリの生産量は約5割にたっします。

● ノリのつみとりはどのように？

　ノリのつみとりは秋の11月半ばから12月半ばごろまでの約1か月と、12月末から3月末ごろまでの約3か月です。つみとりはおもに満潮の前後3～4時間くらいをめどに深夜から朝方にかけておこなっています。ノリつみ機がついた小さな船（角船）に乗って、ノリ網がはってあるところまで行き、網についているノリをつ

第2章　九州・沖縄のいろいろな漁業

いろな漁業

●佐賀県のノリの養殖場

ものしりノート

《ノリ》

藻類で、種類が多いが、ふつうノリといえば、スサビノリなどが属するアマノリ類をさす。養殖は江戸時代に東京湾ではじまったという。つみとって干したもの（板のり）をあぶって食べる。また佃煮にしても食べる。

六角川　嘉瀬川　早津江川　筑後川　塩田川

この地域が養殖場をしめす。（ の色の部分）

有明海

●戸ヶ里漁港の船着場。ノリをはこぶ親船がとまっている。左手前が角船。

●角船（左）から、親船（右）の船倉にポンプでノリを移している。

みとるのです。
　角船がノリでいっぱいになったら、近くにとめてある親船までいき、ポンプで親船の船倉（イケス）に移します。これを何回かくりかえして、親船の船倉がいっぱいになったら、港にもどり水揚げします。

23

培養場でノリの種を育てる

ノリのもととなる種は、佐賀県有明海漁業協同組合の培養場で育てています。まず、よいノリから、「フリー糸状体」という種のもとをつくります。毎年2月ごろ、これをミキサーにかけてこまかくくだき、うすめた液を、カキの殻のなかに植えつけます。フリー糸状体はカキの殻のなかで成長し、6月ごろになるとカキの殻のなかは枝がはびこって、真っ黒になります。

ノリの種つけと手入れ

9月下旬〜10月上旬、培養場の水温が23℃になったころ、カキ殻のなかからノリの種となる胞子が放出されます。培養場ではこのタイミングをはかって、種がついたカキの殻を生産者にわたします。これを網の下にさげて海中につるしておくと、カキの殻からノリの種が放出され、網にくっついて成長します（種つけ）。そして1か月後の11月半ばには、ノリは15cmくらいに育ち、つみとり時期をむかえます。

秋はノリの成長が早いのですが、つみとりまでの間にノリの芽を強くするため、こまかな手入れが必要です。おいしいノリを育てようと、生産者はノリの網を1日に2時間くらい海面から引きあげてきれいに洗ったり、干したりしています。

一方、種つけされた芽の半分は、5cmくらいになったところで冷凍保存します。そして秋のつみとりが終わったころに海に移して、12月末から冬のつみとりをはじめます。こちらは水温もさがるので成長がおそく、3月末ごろまで収穫します。

△フリー糸状体。

△ミキサーでこまかくして、海水でうすめたフリー糸状体。

❶カキの殻が入っているプールのなかに、フリー糸状体をうすめた液をかけて、カキの殻に植えつける。

❷カキの殻を垂直にたらす。上下を入れかえたりして、均一に成長するようにする。

❸生産者はカキ殻を入れたビニール袋を、ノリの網につりさげる。これを海に出してつるす。

❹ 10月半ばごろ、支柱のあいだにノリ網をはりこんでいく。支柱は8月ごろにたてておく。

❻ 網洗い。網についたノリ以外のものや弱ったノリを洗いおとす。

❺ 網につるした袋のなかには、種がついたカキ殻が入っている。2〜3日すると、カキ殻からノリの種が放出され、ノリ網にくっつく。

❼ 海からあげて、日光をあて、ノリの芽を強くする。

INTERVIEW こまめに手入れをすれば、よいノリがとれます

有明海漁業協同組合　種苗課　川瀬昌広さん

　有明海漁業協同組合の種苗センターはノリの種をつくっています。よいノリからフリー糸状体という種のもとを採取して、それをカキの殻のなかで約9か月かけて成長させます。それを生産者にわたすまでの作業をしています。

　はじめはフリー糸状体がカキ殻のなかに入るように、平らにねかせておきますが、1か月ほどしたら、プールのなかにつるし、成長具合をみながら、上下を入れかえたり、水を入れかえたりします。また水温や照度なども調節します。フリー糸状体0.5〜1gから、カキ殻1万枚分の種をつくることができます。ここでは、カキ殻400万枚分のノリの種を生産者に提供しています。

　県の水産試験場や漁業協同組合の研究部などで品質試験をおこない、病気に強い品種などを10種くらいつくっています。有明海のなかでも、場所によって環境がちがうので、生産者のみなさんには、それぞれの環境にあった品種をえらんでもらっています。

　ここまでは自分の仕事で、ここから先は生産者の努力が必要です。自然の変化を敏感にとらえて、こまめに手入れをすれば、よいノリがとれます。

加工場で乾燥ノリをつくる

　親船に積んできたノリは、ポンプで陸の小型トラックに乗せた箱に移します。ここから小型トラックで、ノリの加工場へはこびます。ノリは工場のタンクのなかに移され、ここで海水とともにミキサーにかけ、かきまぜながら、こまかくきざみます。そして、ごみとり機で、ノリにまじっているごみをとりのぞきます。

　次に、ノリを型枠のなかに入れ、乾燥機にかけます。35℃で2時間半くらいかわかしたノリは、1枚ずつベルトコンベアにのってできあがってきます。傷がついているものなどをのぞき、100枚ごとの束にします。これら一連の流れはすべて自動化されています。

ノリの検査場と入札

　できあがったノリは、箱につめて、検査場にはこびます。ここでは、検査員が色・つや、重さなどをもとに、140種くらいの等級に格づけします。異物が入っていないか、重さが規定内におさまっているか、破れや傷がないかのチェックもします。

　ここで等級わけされたノリは、有明海漁業協同組合にはこばれ、入札にかけられます。ここには全国からノリの問屋や商社の人たちがあつまってきて、いくらで買いたいか値段をきそう入札がおこなわれます。

　ここで買いつけたノリは、そのまま、あるいは焼き海苔や味付け海苔などに加工されて、全国のデパートやスーパーマーケットなどに送られます。

❶ノリの水揚げ。船に積んできたノリをトラックに移し、加工場へ運ぶ。

❷工場内のかくはん機で海水とともにかきまぜる。

❸ノリにまじっているごみをとりのぞく。

❹19×21cmの型枠に入れ、乾燥機に送る。35℃で約2時間半、乾燥させる。

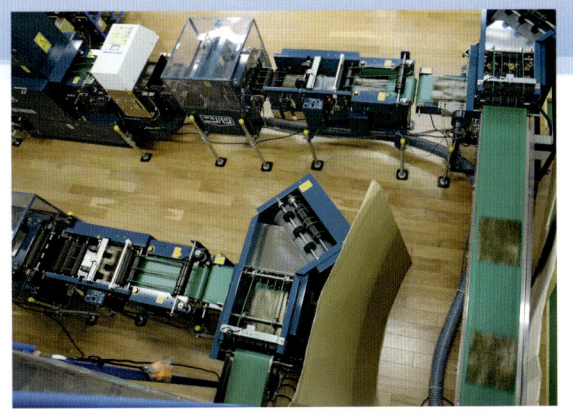

第2章　九州・沖縄のいろいろな漁業

❺ 乾燥機から出てきたノリ。機械にとおして異物が入っているものやかたちが不良のものはのぞかれる。

❻ 100枚ごとの束にする。

❼ 検査員により、等級の格づけがおこなわれる。

❽ 有明海漁業協同組合で、2週間に1度、入札がおこなわれる。ここで買いとられたノリは全国各地へ送られる。

❾ 店にならんだノリ。

INTERVIEW
収穫は満潮時の前後3時間に

東与賀町のノリの生産者　吉田輝樹さん

　わが家は祖父の代からノリの養殖をしてきました。自分はこの仕事をはじめて20年になります。

　8月に支柱をたてる作業がはじまり、10月に種つけをしたら、ずっと休みなしで働きます。1日のスケジュールはすべて潮の満ち引きにあわせて決まります。ノリの収穫は満潮時の前後3時間くらいの間におこないます。すべて自然のサイクルにあわせます。水揚げしたら加工場へはこび、翌日の資材の積みこみ、機械の修理などをします。食事も寝る時間も不規則。この時期は5〜6kgはやせますね。

　3月に収穫がおわったあとも、網の手入れ、支柱はずし、来シーズンの準備など、ゆっくりできません。

　ノリは農業と同じように、成長のおそいものがあればすぐに手入れをして、病気にならないよう注意をはらっていなければなりません。がんばって努力していれば、品質のよいノリができ、収入にもはねかえってきます。佐賀のノリは日本一だというプライドをもってやっています。

27

長島町のブリの養殖

▲長島町北部の静かな海。養殖をしているイケスが見える。ここではブリやタイの養殖がさかん。　▲モジャコ（ブリの稚魚）を育てるイケス。

　鹿児島県の北西部、八代海にうかぶ長島町は日本一の養殖ブリの産地として知られています。この海域は長い海岸線をもち、入り江が多く、波がおだやかです。しかし、潮の流れが速いため、つねにきれいな海水がたもたれています。年間の平均水温が約19℃と、水温もブリの成育に適しています。

　ブリ養殖にたずさわっている漁業者は家族でおこなっているところが多く、現在約130軒あり、自分のイケスで愛情をこめて育てています。水揚げのときなど共同作業が必要なことも多いため、地域でグループをつくってたがいに力をあわせて続けています。

　この地でブリの養殖がはじめられたのは1968年からです。今では日本国内だけでなく、アメリカやEUなど海外20か国へ輸出しています。アメリカのHACCP（ハサップ）の認証も受けて、ブリの品質と安全性が保証されています。HACCPというのは、NASA（アメリカ航空宇宙局）で宇宙食の衛生管理手順として開発した方式で、いまでは食品の安全性を管理する世界基準となっているものです。

　いつまでもおいしい魚がとれるようにと、長島町では稚魚の放流や、山への植林、魚が卵を産む藻場の育成などの活動をつづけています。

▲豊かな海づくりをめざして、森の植栽や手入れをおこなっている。

第2章 九州・沖縄のいろいろな漁業

🔺3年間育てたブリを水揚げしているところ。

🔺養殖用のイケス。1辺が8〜15m。

🔺長島町の加工場。水揚げしたブリを、頭や内臓を落として、料理がしやすいように3枚におろして出荷する。

ものしりノート

《ブリ》

アジ科の魚。成長によって、たとえば関東ではワカシ、イナダ、ワラサ、ブリなどと、名前が変わるので出世魚とよばれる。全長1.5mになる。日本各地に分布し、冬〜初夏に産卵する。モジャコとよばれる稚魚は流れ藻にくっついて成長する。冬にとれる天然のブリは、寒ブリとよばれ、脂がのっておいしいと評判。近年は、養殖ブリも多い。

29

▲東町漁業協同組合の職員が、とってきたモジャコを養殖業者にわけている。

●モジャコがブリに成長するまで

　長島町の東町漁業協同組合では、毎年4～5月に種子島周辺まで、モジャコとよばれるブリの赤ちゃん（稚魚）をとりに行きます。前の日の夜にでかけていき、朝から夕方までとって、夜に帰ってきます。

　養殖業者はそのモジャコをわけてもらって、自分のイケスにもちかえり、大きさごとにわけて育てます。同じくらいの大きさの仲間があつまっているほうが、育つのが速いためです。稚魚のうちは、こまかい粉状のエサを、1日に6回あたえます。大きくなるにつれて、あたえる回数を少なくして、1回の量を多くしていきます。

●どんなエサを食べている？

　ブリのエサはおもにイワシやサバを粉末にしたものや固形にしたものをベースにした飼料です。成長にあわせて、大きさや栄養分などにも配慮してつくっています。年間をとおして、安定した品質のエサをあたえることで、ブリの品質が高く評価されています。

●ブリの成長過程

　最初にとってきたばかりのモジャコは体長が7cm、体重はわずか3gくらいです。イケスは岸の近くの水深10mのところで育てます。8月に体重が300gくらいになったら、沖合の水深20mのところに移します。えさも1日1回くらいにします。

　2年目には、体長は46cm、体重は1.7kgになります。イケスは水深30mのところに移します。2年目の冬に長さが60cm、体重が4kgをこえたころから出荷をします。そして3年目には、長さが70cm、体重は6kgほどに成長します。

　養殖ブリは、一年中いつでも注文に応じて出荷できる利点があります。漁業協同組合が注文を受けると、その条件にあった生育状態のブリをもっている養殖業者に、水揚げを依頼します。

第2章　九州・沖縄のいろいろな漁業

△モジャコの選別。なかには、アジやほかの稚魚もまじっているので、それをとりのぞく。

△とってきたばかりのモジャコ。体長7cmくらい。

△モジャコを自分の家のイケスに移す養殖業者。大きさをそろえてイケスに入れる。

ブリのエサ

モジャコにあたえる粉末状のエサ。食べ残しがないように、気をつける。

→

2年目のブリにあたえるエサ。イワシなどをまぜてつくったエサを、船から噴射機でふきだし、2日に1回くらいの割合であたえる。

△モジャコは水深10mのところのイケス（網の深さ3m）で育てる。

△2年目には水深30mのところのイケス（網の深さ15m）に移す。

●ブリの水揚げ

　水揚げが決まると、朝5時半ごろ、グループの仲間たち約15人があつまってきて、水揚げにでかけます。

　イケスに船をよせて、まずダイバーがもぐって、イケスの底にまくように網を入れます。イケスのまわりの人たちは、網の幅をせばめていって、ブリをせまいところにおいこんでから、タモ網ですくいあげます。ブリを船上にあげたら、すぐに頭の骨と背骨のつなぎ目を切り、血ぬきをし、活けじめをおこないます。活けじめされたブリは、すぐに船倉の氷のなかに入れて冷やし、鮮度をたもちます。

●選別して加工場へ

　港の岸壁には、選別台を用意していて、そこ

❶ ダイバーがイケスのなかにもぐって、底に網を入れる。

❷ 上にいる人たちは、少しずつ網をせばめていく。

❸ イケスにタモ網を入れて、ブリをすくいあげる。

❹ 水揚げをしたらすぐに活けじめをして、氷で冷やす。

❺ 港の岸壁に選別台をだしておき、重さ別にわける。

❻ 一匹まるごと出荷するブリは、ここで箱づめする。

にとってきたブリをのせ、重さをはかり、選別します。丸ごと一匹の注文もあるので、その数の分を、箱に入れて氷をつめて、出荷します。

残りのブリはすべて近くの加工場にはこびます。ここで頭と内臓をとり、さらに背骨までとって、料理しやすいようにして、出荷します。行き先は日本国内の市場や小売店のほか、海外20か国におよびます。

❼ 加工場でベルトコンベアにのせる。この先の機械で頭と内臓をとりのぞく。

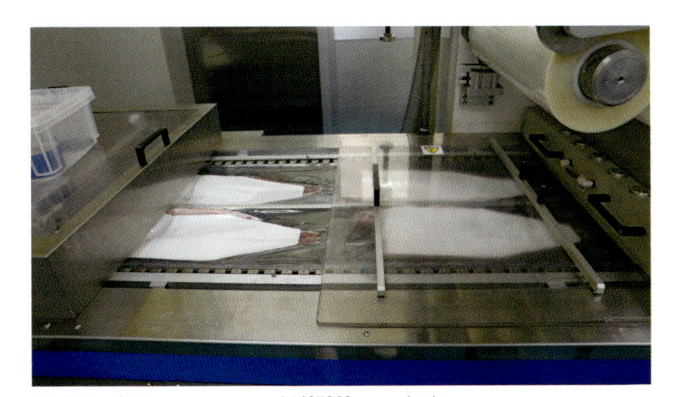

❽ 背骨をとり、3枚におろす。

❾ 余分な水分をとりのぞき、真空包装をして出荷。

INTERVIEW 私が育てたブリを世界中の人に食べてもらいたい

ブリの養殖業者　長元　翼さん

ブリの養殖は祖父の代からはじめました。私は8年この仕事をしています。今はブリを2万尾、シマアジを1万尾、カワハギも5千尾ほど飼っています。ブリは、種子島でとれた大きいモジャコを仕入れて、5月末に飼育をはじめ、それから14か月後の翌年秋ごろからの出荷を目ざして育てます。健康管理に気をつかったり、美味しく育つようにエサを吟味しています。

仕事は私と父の二人でやっています。水揚げなどの作業は9軒からなる20人くらいのグループで、助けあっておこなっています。中心は30代と若く、とても活気があります。

こわいのはプランクトンの増殖により赤潮が発生してブリに被害が出ることです。赤潮が発生したときは、魚が死なないようにエサを止めたり、イケスを避難させたり、イケスの水深を下げて被害を防ぎます。

ブリは水温など水質の変化に敏感です。水温があがればエサをたくさん食べるし、水温が下がればエサの量はへります。毎日の水温を見ながら、その日のエサの量などを調整しています。

この仕事をしていてよかったと思うのは、やはり出荷の時です。小さなモジャコから育てた魚が大きく育って、水揚げの時に引く網が重いほど、喜びは大きいです。

うるま市のモズクの養殖

▲モズクの養殖をしている平敷屋の遠浅の海。

▲水中メガネでのぞくと、モズクの生育状態がわかる。

●モズクの養殖に適したところ

　モズクの生産は、沖縄が全国の生産量の99％をしめています。沖縄のモズクは、モズクと近縁のオキナワモズクです。いっぱんに「モズク」とよばれるのは、このオキナワモズクをさします。沖縄でモズクの養殖がはじまったのは1970年代で、1999年には2万トンにたっしました。

　オキナワモズクは沖縄本島や、奄美、宮古、八重山の沿岸でつくられていますが、なかでもうるま市の平敷屋漁港と南城市の知念漁港のまわりがさかんです。この2つの地域だけで、沖縄全体の生産量の約3分の2をしめています。

　平敷屋漁港は沖縄本島の太平洋岸に位置しています。昔から漁業がさかんで、近くには世界遺産に登録された勝連城跡があります。このまわりの海は、海水温が高く、浅い海が広がっていて、おいしいモズクをつくるのに、適した環境になっています。水温が高いと成長は速いの

34

第2章 九州・沖縄のいろいろな漁業

▲モズクの収穫。海底からポンプですいあげ、船の上でモズク以外の海藻などをとりのぞく。

▲平敷屋漁港でモズクを収穫してきた船。

ですが、太いモズクにはなりません。ここの海は水深があり水温がやや低めなので、成長はおそいですが、太くてしっかりとした歯ごたえのあるモズクができるのです。

平敷屋漁港でモズクの養殖をしている漁業者は、200軒くらい。多くは家族単位でおこなっています。

ものしりノート 《オキナワモズク》

褐藻類のナガマツモ科の海藻。天然のものもあるがほとんどが養殖したもの。太さは1.5～3mm。長さは20～50cm。沖縄の食文化を代表する食材の1つで、古くから食べられてきた。

●モズクが大きくなるまで

まず8月ごろから、モズクの種とりをします。海中の天然モズクの胞子があるところにビニールシート（幅2cm、長さ20cmくらい）をつるしておくと、そこに種がつきます。種がついたことを確認したら、ビニールシートをタンク（イケス）のなかに移して、網といっしょに入れておきます。これを種つけといいます。

10～20日くらいすると、種が網につきます。それを、海の浅瀬の適度な水温のある苗床に移します（中間育成）。芽が1～2cmの目に見えるくらいの大きさになったら、養殖場にはこんで本張りをします。網を水深2～7mの漁場にすえつけるのです。ここには鉄筋が打ってあって、そこに網をむすびつけます。ひとつの網は幅2m、長さ約21m。これを500～1800枚くらいはりこみます。

●モズクの収穫

本張りをしてから100日くらいたった4～6月、大きくなったモズクの収穫をします。本張りをした場所には、浮きなどを浮かせて目印をつけます。ダイバーがもぐって、生育状態をしらべ、20～30cmくらいに成長していることを確認したら、ポンプでモズクをすいあげて収穫をします。

船の上では、すいあげたモズクを広げて、小魚やほかの海藻をとりのぞき、かごに入れます。昼休みをはさんで6時間くらいの間に、60個くらいのかごがいっぱいになったら、港にもどります。

モズクは雨にぬれると変色してしまうので、雨の日は収穫作業をやめるか、ぬれないように船の上に屋根をかけておこないます。

△モズクの収穫に行く船。すいあげるポンプとモズクを入れるかごをのせている。

モズクの養殖

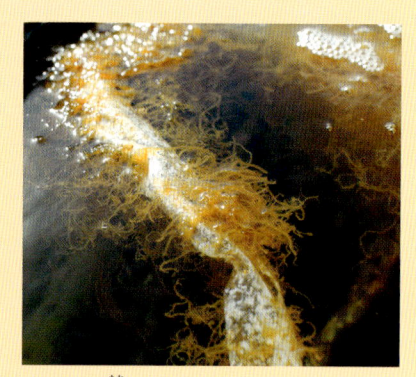

△モズクの種がついたビニールシート。

△4m四方のタンクに150枚くらいのビニールシートを入れておく。10～20日ほどつけておくと、網に種がつく。

△網を浅瀬の苗床に移す（中間育成）。

モズクの収穫

海中で育成したモズクはポンプですいとって収穫します。その後、船上でモズクの選別をおこないます。

❶ モズクをすいあげるポンプを海に入れる。

❷ ダイバーが海に入る。潜水服を着て、うきあがらないように10kgくらいの重りを2個つける。

❸ ダイバーがポンプでモズクをすいあげる。

❹ 船の上で、モズクにまじっているごみや、ほかの海藻をとりのぞく。

▲ 網についた芽が成長してきた。目に見えるくらいになったら本張りへ移す。

▲ 網を養殖場にはこんで本張り。

▲ 本張り。モズクは20～30cmくらいにのびて収穫まぢか。

❶ 港のクレーンの場所に船をつける。

❷ クレーンでモズクが入ったかごを引きあげる。

❸ フォークリフトで加工場へはこぶ。

●陸にあげて加工場へ

　港にはモズクを入れたかごを引きあげるクレーンがあり、そこに船を着けます。かごを引きあげたとき、重さもはかります。それをフォークリフトにのせて、加工場にはこびます。
　加工場では、保存のために、モズクに塩をまぶします。塩とまぜあわせるミキサーに入れて、よく塩とまぜたら、貯蔵タンク（-20℃）にいれて、4日ほどねかせます。
　4日後に、貯蔵タンクから出して、ほかの海藻やごみなどをとりのぞいて、1斗缶（約18ℓ）に入れて、保管しておきます。この先、食品工場などで味つけモズクなどに加工して、県内外に出荷します。

第2章 九州・沖縄のいろいろな漁業

❹ 長期間、保存するため、モズクに塩をまぶす。

❻ ゴミなどをとりのぞき、1斗缶に入れて保管する。

❺ 水分をぬいて塩づけし、4日間、貯蔵する。

❼ モズクの製品。

自然のなかで育ったモズクはおいしいです

モズクの生産者 玉城明夫さん

　モズクをはじめる前、30年くらい定置網漁をやっていました。当時はアジやカツオなど、けっこうとれました。しだいに魚がとれなくなってきたので、15年ほど前に、モズクの養殖に移りました。
　モズクの収穫は早い年では2月ごろからはじめ、6月ごろまでに、のび具合を見ながら、1か月くらいかけておこないます。すえつける網は800枚ほど。場所は4か所くらいにわけて、時期を少しずつずらしながら、網をはっています。
　収穫が終わったら、すぐに次の養殖の準備。海から網をあげて、きれいに洗って、ほつれをなおしたりします。8月ころから種とりをはじめます。台風の影響をうけやすいときなので、なかな

か大変です。種がつくかどうかは、五分五分くらい。自然が相手なので、やってみないとわかりません。種がとれないときは、とれた人からわけてもらうなど、助け合っています。種を人工で培養してから種つけをする方法もありますが、やはり自然のものが一番だと思います。
　このところ需要が多くて、モズクは不足気味です。一年中、休むひまもないですが、たくさんとれるとうれしいですね。

玉城さん(右うしろ)と兄弟とその孫の4人で生産している。

39

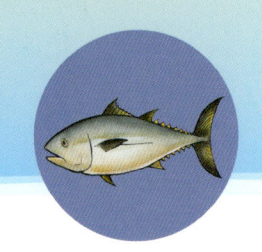

那覇市の泊魚市場

●泊魚市場はどんな市場？

沖縄は東側に太平洋、西側に東シナ海がひらけ、沖縄本島から南へ宮古列島、八重山列島などの島々がつらなっています。亜熱帯の海にかこまれた島々のまわりには、サンゴ礁が形成され、沖縄どくとくの色とりどりの魚が生息しています。また黒潮にのって、マグロ類やカツオなどが回遊し、ゆたかな漁場をつくっています。

これらの海でとれた魚は、おもに那覇市の泊魚市場にはこばれます。前の晩の10時ごろから、漁船が港にやってきて水揚げをはじめます。最も多いのはマグロ類で、ほとんど冷凍ではなく生のまま水揚げされます。市場の人は、これらの魚をきれいに洗ってならべて、重さをはかり、番号を打ち、マグロ類は鮮度を確認するため尾の一部を切るなどして、セリの準備をはじめます。

△泊魚市場。沖縄本島や奄美、宮古、八重山の船が水揚げにくる。

△マグロの漁船。

△マグロの卸売場（セリ場）。水揚げされたマグロをならべる。

●マグロは黒板ゼリで一発勝負

セリをおこなうところは、大きくマグロ類と小魚類で2つに分かれています。マグロ類はクロマグロ、キハダ、ビンナガ、メバチのほかカジキ類やシイラなどもあります。

セリは5時にはじまります。市場の職員にはセリをとりしきるセリ人のほかに、記帳する人、テープレコーダーで録音する人などがいて、誰がどれを、いくらで買ったかを記録していきます。いっぽう仲買人のほうは、セリ人の合図とともに、自分が買いたい値段を、黒板に書いて、セリ人にしめします（黒板ゼリ）。セリ人はこれらを見て、一番高い値段をつけた人に売ります。値段が同じときは、じゃんけんで決めます。

△鮮度を見るため、尾に切れ目を入れる。

△品定めをする仲買人。

△マグロのセリ。仲買人が買いたい値段を黒板に書いてセリ人にしめすと、セリ人は一番高い値段をつけた人に売る。一回で決まるので一発ゼリという。

🔺小魚のセリ場。氷をしいて鮮度をたもっている。

●いろいろな小魚がたくさん

　小魚のセリ場には、マグロ類以外の、カツオ、カンパチ、タコ、エビなど、いろいろな魚がならべられています。小魚といっても、10〜60cmくらいの大きさがあります。あるものは器に入れ、あるものは生きたまま水そうに入れています。
　なかには沖縄地方でしか見られない色やかたちをした亜熱帯の魚介もならびます。ハタ類（ミーバイ）、ブダイ類（イラブチャー）、高級魚のハマダイ（アカマチ）、県魚のタカサゴ（グルクン）などの魚や、1mもあるソデイカ、ヤコウガイやシャコガイなどの貝類です。
　これらの小魚類のセリは、セリ人のかけ声を合図に、仲買人が次々に値段を言って、一番高い値段をつけた人が買うことができます。
　ここで買いおとされた魚は、仲買人をとおし

🔺セリでは、一番高い値段をつけた人が買うことができる。

て、県内の市場や小売店、あるいは日本の各地に送られます。トラックに積まれて、次つぎにはこびだされ、朝8時ごろには、魚はきれいになくなっています。市場の職員は、それから今日取り引きされた伝票の整理などをして、昼の部の職員に引きつぎます。（　）内は沖縄の呼び名。

第2章　九州・沖縄のいろいろな漁業

△青い色をしたブダイ類。刺身にして食べる。

△生きたカノコイセエビ。

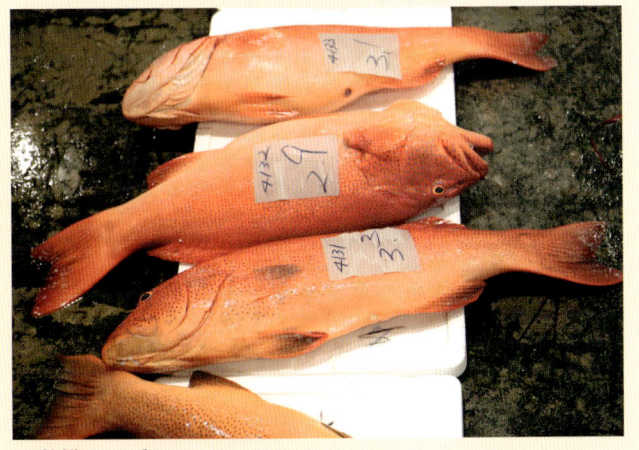

△高級魚のハタ類。

△ハマダイ（アカマチ）。

△沖縄の魚屋では、どくとくの魚介がいっぱい。

43

九州・沖縄の漁業地図

○玄海灘と周防灘の好漁場

　まわりを海に囲まれた九州は、地域によってさまざまな海流や地形がみられ、独自の漁場が形成されています。

　福岡県の北の玄界灘は、冬は北西の季節風がふき波が荒いことで知られていますが、対馬暖流にのってイワシやアジ、サバ、タイ、イカ、ブリなどがやってきます。福岡県のアジの漁獲量は全国3位。タイは全国2位です。近海ではフグ、エビ、ウニ、アワビなどもとれます。北東にある周防灘は内海の遠浅の海で、波がおだやかなため、アサリやガザミ、シャコなどがとれます。カキやノリの養殖もさかんです。

○世界的な好漁場に面した長崎県

　長崎県の沖は対馬暖流が北上し、世界的な好漁場となっています。沿岸ではタイ、トビウオ、ヒラメ、ブリ、フグ、サザエ、アワビなどが、沖合ではアジ、サバ、イワシ、イカなどがとれます。入りくんだ海岸線や多くの島からなり、波の静かな入り江ではフグやブリ、マダイ、カキなどの養殖がさかんです。フグの養殖は全国1位です。また、200以上もの島からなる五島列島は、ハモやトラフグなどの高級魚がとれます。ケンサキイカのするめも有名です。ボラの卵巣のカラスミは長崎の特産品として知られています。

　熊本県の天草諸島ではマダイ、ウシノシタ、ウニ、イカなどがとれます。八代海の干潟では、クルマエビの養殖がさかんです。

野母崎のアジの刺身。

■九州・沖縄のおもな漁港と県別漁業生産額

対馬　対馬暖流　玄界灘　博多　周防灘
松浦　唐津　255億円(17位)福岡県　日出
佐世保　249億円(18位)佐賀県
五島列島　有明海　431億円(10位)大分県
長崎　964億円(2位)長崎県　340億円(13位)熊本県　北浦
東シナ海　天草諸島　八代海　日向灘
阿久根　335億円(14位)宮崎県
串木野
枕崎　油津
山川　799億円(4位)鹿児島県　黒潮
187億円(24位)沖縄県

金額は2014年の海面漁業・養殖業の生産額

○干潟がひろがる有明海

　有明海は福岡、佐賀、長崎、熊本の4県にかこまれた内海で、水深は10〜30mの遠浅の海がつづいています。潮の干満の差が大きく、大潮のときはその差が6mにものぼります。この沿岸ではノリの養殖がさかんで、生産量は佐賀が全国1位、福岡が3位です。

　沿岸から数kmにおよぶ干潟にはムツゴロウやワラスボ、アゲマキガイ、シオマネキなどが生息し、沿岸ではスズキやシバエビなどがとれます。

有明海のムツゴロウ。

○関アジ・関サバで知られる豊後水道

　九州の大分県と四国の愛媛県の間にある豊後水道は、瀬戸内海と太平洋の潮の流れがまじわり、

44

九州・沖縄の魚種別漁獲量
「平成26年漁業・養殖業生産統計年報」（農林水産省）より

マアジ 145,767トン
- 長崎 44,970トン
- 島根 42,513トン
- 鳥取 6,861トン
- 愛媛 5,494トン
- 石川 5,099トン
- その他

ノリ類 276,129トン
- 佐賀 62,663トン
- 兵庫 54,897トン
- 福岡 39,013トン
- 熊本 32,294トン
- その他

養殖ブリ 94,419トン
- 鹿児島 24,663トン
- 大分 15,668トン
- 愛媛 13,705トン
- 宮崎 8,636トン
- 高知 7,870トン
- その他

マグロ類 189,705トン
- 静岡 28,208トン
- 宮城 21,356トン
- 高知 20,639トン
- 宮崎 18,728トン
- 鹿児島 17,105トン
- その他

サバ類 485,717トン
- 茨城 132,080トン
- 長崎 58,264トン
- 静岡 45,517トン
- 三重 35,744トン
- 千葉 28,614トン
- その他

マダイ 14,640トン
- 福岡 1,727トン
- 長崎 1,699トン
- 愛媛 1,217トン
- 兵庫 1,015トン
- 山口 857トン
- その他

フグ類 4,828トン
- 石川 717トン
- 北海道 366トン
- 福岡 336トン
- 山口 283トン
- 香川 281トン
- その他

モズク類 19,448トン
- 沖縄 19,305トン
- その他

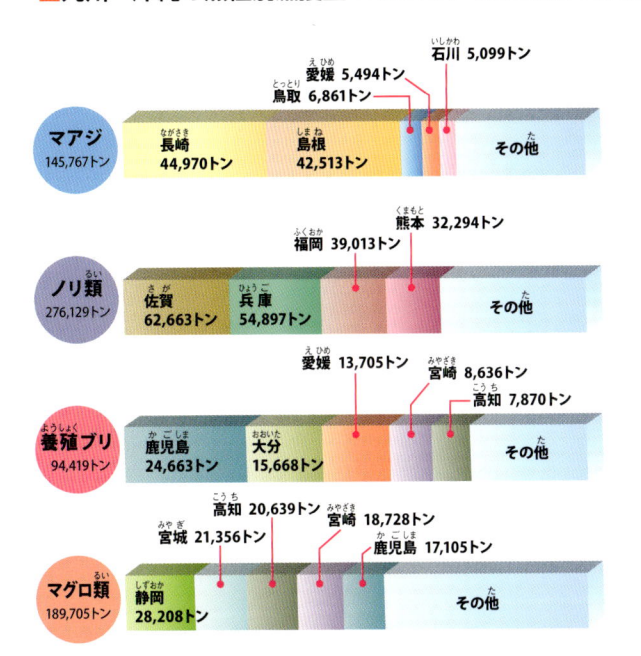

はげしく渦を巻いています。エサも豊富で魚の運動量も多いので、サバやアジなどは身がひきしまっています。一尾ずつ手でつりあげられ、生きたまま佐賀関で水揚げされるアジやサバは、「関アジ」「関サバ」とよばれ珍重されています。日出の南の海でとれるマコガレイは「城下カレイ」として知られています。大分県南東部の日豊海岸ではブリやヒラメの養殖がさかんです。

佐賀関の関サバ。

○日向灘から鹿児島へ

宮崎県の日向灘は、沖の黒潮と豊後水道から流れてくる海水がまじり、豊かな漁場をつくっています。北部の北浦ではイワシ、アジ、サバなどが、南部の油津ではカツオやマグロの漁がさかんです。宮崎県のマグロの漁獲量は全国4位です。鹿児島県は漁業の生産額は全国4位です。枕崎や山川ではカツオ漁がさかんで、かつお節は江戸時代から特産品とされてきました。近海ではアジ、イワシ、サバ、トビウオ、キビナゴなどがとれます。ブリやカンパチ、クロマグロの養殖もさかんです。ウナギの養殖は全国1位です。

枕崎のかつお節づくり。

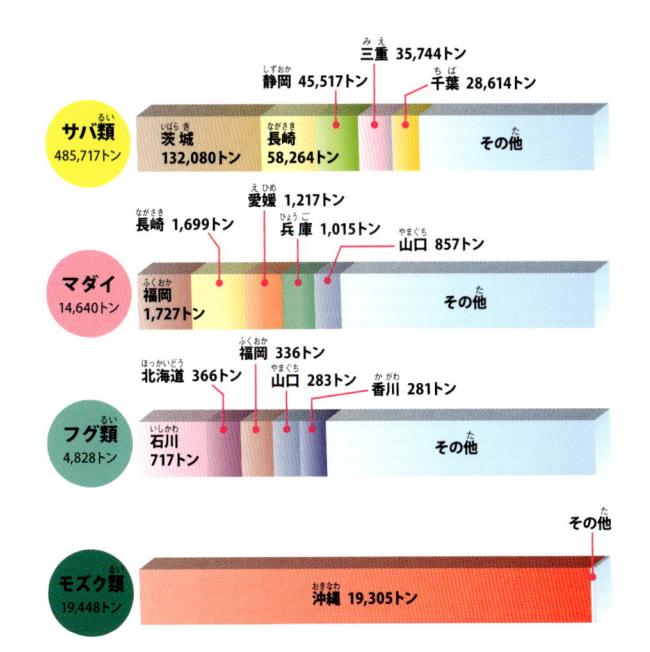

○沖縄・南西諸島の漁業

南西諸島は九州南端から台湾まで1300kmにわたり多くの島がつらなっています。この地域全体が黒潮の流域内にあり、西が東シナ海、東が太平洋に面しています。マグロ類の漁獲量が多く、沖合ではフエダイの仲間や、体長1m以上もあるソデイカがとれます。島の周辺にはサンゴ礁が発達し、タカサゴ（グルクン）や、ハリセンボン（アバサー）、シャコガイ、ヤコウガイなどがとれます。エラブウミヘビ（イラブー）は燻製にして高級食材としてつかわれます。モズクやウミブドウ、ヒトエグサ（アーサー）、クルマエビなどの養殖もさかんです。

（　）内は沖縄の呼び名。

沖縄の魚介類。

解説 九州・沖縄の魚を知ろう

坂本一男
（おさかな普及センター資料館　館長）

1. アラ・マハタ・クエ ― 標準和名と地方名

　福岡や唐津など九州で有名な「あら料理」に使う魚はクエです。一方、和歌山県串本ではアラを「くえ」と呼びます。明石・下関・長崎ではマハタを「あら」、高知県では「くえ」と呼んだりします。このように、標準和名の「アラ、マハタ、クエ」と地方名の「あら、はた、くえ」の関係は複雑です。

　アラの体は背が紫がかった灰色で、腹は銀白色です。日本から東シナ海、台湾に分布しています。マハタの体は暗い紫色で、7本の暗い褐色のしま模様があります。日本、朝鮮半島南岸、香港などに分布します。クエの体は灰褐色で、6～7本の濃褐色のしま模様があり、前方ほどしまがななめになります。本州から沖縄、朝鮮半島南岸から台湾、海南島などに分布しています。これら3種はいずれもハタ科の大型魚で、全長は1mあるいはそれ以上になります。成長すると模様が不鮮明になって体型も互いに似てきます。

　世界共通の名前である学名はラテン語でつづられ、たとえばマダイの学名は *Pagrus major*（パグルス　マイヨル）と書き表します。マダイという呼び名は標準和名で、私たち日本人がさまざまな場面で学名より便利に使っているものです。たとえば、現代の都市の市場にはその周辺からだけでなく、日本各地から水産物が入荷します。このような市場で地方名を使用すると、ときに取引上のトラブルの原因にもなります。こんなとき、日本全国共通である標準和名は便利です。そこで水産物の表示では、標準和名が基本となっています。しかし、大切な文化でもある地方名は、それが通用する地域では使用してもよいことになっています。

2. シラウオとシロウオ

　「シラウオとシロウオは同じ魚ですか？」この質問はよくきかれます。それぞれシラウオ科、ハゼ科と関係はかなり遠いにもかかわらず、この2種はまちがえられることが多いのです。シラウオは全長10cmほどになる魚で、一生、海水と淡水が混じる汽水域で生活しています。いっぽうシロウオは全長5cmほどにしかならない魚で、ふだん沿岸で生活していますが、産卵は河川の下流域にさかのぼっておこないます。

　ところで、「白魚」はシラウオともシロウオとも読みます。シロウオは「素魚」とも書きます。このように漢字もまぎらわしいのですが、混同される理由としては次のようなことが考えられます。両種とも体が小さくて細長く、寿命が1年であること、生きている時は無色透明で、死ぬと白く不透明になるこ

アラ（若魚） 　　　マハタ 　　　クエ

シラウオ 　　　　　　　　シロウオ

と、ともに産卵期の春に河口近くでとれることです。
　しかし、よく観察してみると、たくさんの違いが見つかります。たとえば、シラウオは頭が上下に平たく、シロウオは左右に平たくなっています。シラウオの口先はとがっていますが、シロウオは丸みをおびます。シラウオの尾びれは二又に分かれていますが、シロウオはまっすぐです。シラウオの腹びれは体のほぼ中央にありますが、シロウオは胸びれの下にあって吸盤状です。
　昭和のなかごろに絶滅しましたが「江戸前の白魚」といえば、江戸時代から代表的なすし種の1つでした。福岡市近郊の「室見川の白魚漁」は江戸時代から続く伝統です。「踊り食い」は春の風物詩として有名です。

3. 日本のウナギは今

　私たち日本人が好きな魚料理の1つに、ウナギのかば焼きがあります。しかし、その材料であるニホンウナギの資源は今、危機的な状況にあります。2012年には環境省により、2014年には国際自然保護連合からも絶滅危惧種に指定されました。1961年には3400トンあった漁獲量は、2012年には169トンにまで減少しました。2012年の日本国内のウナギの消費量は約4万トンで、そのうち天然ウナギの割合は全消費量の0.5%もありません。つまり、私たちが食べているウナギのほとんどは養殖ものです。しかも、その約60%は輸入で、中国や台湾で養殖されたものです。ニホンウナギは完全養殖に成功していますが、費用をおさえて大量に生産する技術はまだ確立されていません。
　ニホンウナギはその一生のうち、産卵場であるマリアナ諸島近海の卵のときと海流にはこばれている幼生期をのぞいて、つねに漁業の対象になっています。そのため、資源の回復には、なによりもシラスウナギから親ウナギまでの漁獲規制が必要です。さらに、河川・沿岸環境の保護や再生も必要です。また、ニホンウナギは日本だけでなく、中国、台湾、韓国なども同じ集団を漁獲しているので、資源の管理にはこれらウナギ関係国との協力が不可欠です。

参考資料：
日本魚類学会編（1981）「日本産魚名大辞典」三省堂
日本魚類学会編（1981）「日本産魚名大辞典」三省堂
東アジア鰻資源協議会日本支部編（2013）「うな丼の未来　ウナギの持続的利用は可能か」青土社
望岡典隆（2014）「ニホンウナギ：現状と保全」魚類学雑誌, 61(1): 33-35
山田梅芳・時村宗春・堀川博史・中坊徹次（2007）「東シナ海・黄海の魚類誌」東海大学出版会
（写真：おさかな普及センター資料館・水産総合研究センター）

ニホンウナギ（養殖） 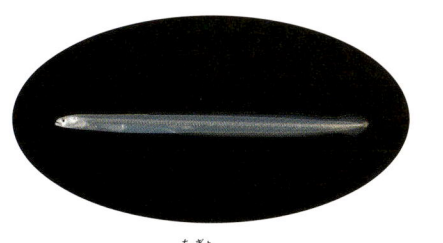　　　　　ニホンウナギの稚魚（シラスウナギ）

坂本一男（さかもと　かずお）

1951年、山口県生まれ。おさかな普及センター資料館館長。北海道大学大学院水産学研究科博士課程単位修了。水産学博士。東京大学総合研究博物館研究事業協力者も務める。主な著書・共著に『旬の魚図鑑』（主婦の友社）、『日本の魚―系図が明かす進化の謎』（中央公論新社）、監修に『調べよう　日本の水産業（全五巻）』（岩崎書店）、『すし手帳』（東京書籍）などがある。

□取材協力　沖縄県漁業協同組合連合会
　　　　　　勝連漁業協同組合
　　　　　　佐賀県有明海漁業協同組合
　　　　　　ＪＦ東町
　　　　　　長崎魚市株式会社
　　　　　　長崎県水産部
　　　　　　野母崎三和漁業協同組合
　　　　　　有限会社丸菱商店

□写真協力　大分県漁業協同組合佐賀関支店
　　　　　　沖縄県漁業協同組合連合会
　　　　　　勝連漁業協同組合
　　　　　　佐賀県有明海漁業協同組合
　　　　　　佐賀県有明水産振興センター
　　　　　　水産総合研究センター
　　　　　　ＪＦ東町
　　　　　　枕崎水産加工業協同組合

□イラスト　ネム

□デザイン　イシクラ事務所（石倉昌樹・大橋龍生・山田真由美）

漁業国日本を知ろう　**九州・沖縄の漁業**

2014年10月25日　第1刷発行
2017年 5月30日　第2刷発行

監修／坂本一男
文・写真／吉田忠正

発行者　中村宏平
発行所　株式会社ほるぷ出版
〒101-0051　東京都千代田区神田神保町 3-2-6
電話　03-6261-6691
http://www.holp-pub.co.jp

印刷　共同印刷株式会社
製本　株式会社ハッコー製本

NDC660　210×270ミリ　48P
ISBN978-4-593-58704-9　Printed in Japan

落丁・乱丁本は、購入書店名を明記の上、小社営業部までお送りください。
送料小社負担にて、お取り替えいたします。

漁業国 日本を知ろう
全9巻
監修／坂本一男

北海道の漁業
文・写真／渡辺一夫

東北の漁業
文・写真／吉田忠正

関東の漁業
文・写真／吉田忠正

中部の漁業
文・写真／渡辺一夫

近畿の漁業
文・写真／渡辺一夫

中国の漁業
文・写真／吉田忠正

四国の漁業
文・写真／渡辺一夫

九州・沖縄の漁業
文・写真／吉田忠正

資料編
文・写真／吉田忠正・渡辺一夫